Anselme Payen

Le Cacao
et le Chocolat

Techniques

ISBN : 978-1543217087

10 9 8 7 6 5 4 3 2 1

Anselme Payen

Le Cacao
et le Chocolat

Techniques

Table de Matières

Section I

Chacun connaît l'aliment agréable et salubre dont le cacao forme la base. On se doute assez peu cependant des conditions difficiles qui entourent dans nos colonies la production du cacao. Comme le café [1], comme le thé, le chocolat figure parmi ces boissons salutaires dont l'usage ne peut se répandre qu'au grand profit d'une des industries les plus intéressantes de nos colonies, l'industrie des sucres. On remplit donc une tâche utile en essayant de répandre quelques lumières sur les procédés de culture applicables au cacaoyer, sur les causes qui gênent soit la production, soit la consommation du cacao. Il est peu de cultures qui aient traversé plus de vicissitudes et qui rencontrent encore plus d'obstacles. Aux colonies les influences atmosphériques, dans la métropole des concurrences, disons mieux, des falsifications audacieuses placent sous le coup d'une regrettable défaveur une industrie dont, au double point de vue de l'hygiène et de l'économie publiques, on ne peut que souhaiter les progrès. Comment une telle situation pourrait-elle cesser ? Indiquer les causes qui l'ont amenée, les raisons qui la maintiennent, ce sera, nous l'espérons, faciliter la réponse à cette question.

L'origine de la culture du cacao se perd dans la nuit des temps, on peut le dire sans exagération, car à l'époque de la conquête du Nouveau-Monde les Espagnols trouvèrent l'usage du chocolat répandu parmi les populations qu'ils allaient combattre ; ils reconnurent, non sans surprise, que le cacao formait la base principale de la nourriture des indigènes, dont l'embonpoint, le teint florissant, annonçaient une vigoureuse santé. Pendant longtemps, ils s'abstinrent de transmettre en Europe des notions dont ils voulaient tirer profit à l'exclusion des autres peuples [2]. Ce fut seulement en 1649 que l'on put commencer des essais de culture de l'arbre précieux dans l'île de Sainte-Croix, aux Antilles, la plus méridionale des îles vierges, appartenant aujourd'hui aux Danois, qui l'avaient acquise des Français. Vers 1655, les Caraïbes découvrirent un pied de cacaoyer dans les forêts de la Martinique. On est donc fondé à placer le cacaoyer parmi les arbres indigènes des Antilles [3]. Quelques années plus tard, en 1684, un israélite nommé Benjamin Dacosta fit, à la Martinique même, le premier

Anselme Payen

essai d'une plantation régulière de cacaoyers. Dès lors l'usage du chocolat se propagea rapidement en France, et la production du cacao assura une précieuse ressource aux colons trop peu favorisés de la fortune pour entreprendre la culture des cannes et l'extraction dispendieuse du sucre. D'ailleurs les terres humides de certaines vallées où les transports sont difficiles conviennent peu à ces dernières exploitations, tandis qu'elles se prêtent aisément à la récolte du cacao.

La Martinique, devenue ainsi l'un des premiers centres de la production du cacao, fut bien tristement initiée aux désastres si fréquents contre lesquels les colons adonnés à cette culture ne sauraient trop soigneusement s'abriter. La période florissante commencée dans cette île en 1684 fut brusquement interrompue au bout de trente-trois ans, en 1727. Un violent orage, une déplorable inondation, ruinèrent les plantations d'arbres à cacao, ou, pour employer l'expression du pays, les *cacaoyères* martiniquaines. À cette époque, la culture du cafier venait d'être introduite dans la colonie ; des plantations de l'arbrisseau africain remplacèrent les cacaoyères bouleversées. On s'appliqua cependant à relever l'industrie des producteurs de cacao, et on y réussit sans trop de peine. Une sage mesure, qui sans doute n'aurait pas moins d'opportunité aujourd'hui et qui aurait de plus larges conséquences, vint ranimer la culture des cacaoyers, encouragée par l'édit royal qui réduisait à 10 centimes par livre les droits d'entrée sur les produits de cette culture dans les colonies françaises. Dès l'année 1775, la Martinique exploitait 1,400,000 pieds de cacaoyers et pouvait suffire à la consommation de la France en réunissant ses produits à ceux de l'île de Saint-Domingue, dont les vallées chaudes et humides offraient un terrain des plus favorables à la production du cacao [4]. Les plantations de Saint-Domingue furent malheureusement à leur tour dévastées par un terrible ouragan qui anéantit pour longtemps la production du cacao dans cette île.

Une culture soumise à de telles vicissitudes devait peu à peu lasser la patience des planteurs : c'est ce qui arriva, et les cacaoyers furent négligés pour les cannes à sucre, moins assujetties aux influences désastreuses des ouragans. Les cannes envahirent ainsi aux Antilles la plus grande partie des terres cultivables, de celles même où des abris naturels auraient favorisé le développement des cacaoyers.

On peut dire que généralement dans ces îles les terrains encore consacrés à la culture de l'arbre à cacao sont ceux qui ne pourraient économiquement produire des cannes à sucre. Ajoutons que les soins insuffisants apportés à la récolte, à la préparation comme à la conservation et à l'expédition des produits, expliquent en grande partie la défaveur qui s'attache dans les transactions commerciales aux *cacaos des îles*[5].

Y a-t-il quelques moyens de rendre à la culture du cacao dans nos colonies son ancienne prospérité ? Des exemples pris dans les possessions étrangères permettent d'aborder une telle recherche avec confiance. Il est à remarquer avant tout que le champ de -cette culture peut facilement s'étendre. Deux de nos colonies, la Guadeloupe et la Guyane, sont appelées à prendre une part avantageuse aux progrès de la production du cacao. Autrefois désignée sous le nom de France équinoxiale, puis nommée Eldorado par les Espagnols, qui avaient espéré y découvrir un riche lac aurifère, la Guyane est couverte de forêts dont le défrichement offrirait un terrain fertile, propice à la végétation des cacaoyers. Déjà quelques produits remarquables de cette provenance autorisent à croire au succès probable de cette culture. Des succès du même genre, réalisés sur le sol également fertile de la Guyane hollandaise, sont de nature à confirmer notre supposition.

En tout cas et de toutes parts, les planteurs qui voudront concourir à développer, à perfectionner cette utile production agricole, exclusivement réservée aux contrées intertropicales, doivent tourner leurs regards vers les florissantes cultures de Caracas et de Guatemala [6]. Dans ces riches exploitations, l'abondance, la valeur commerciale et la qualité supérieure des produits doivent fixer l'attention sur les moyens d'imiter, autant que le permettraient les circonstances locales, les pratiques qui ont amené d'aussi remarquables résultats. Et s'il n'était permis d'atteindre à la qualité de ces crus privilégiés, ne pourrait-on du moins essayer de réunir des conditions semblables à celles que l'on rencontre dans la province brésilienne de Maragnan, couverte de plantations dont les produits, plus rapprochés de ceux de nos colonies, les dépassent cependant en qualité et sont justement appréciés sur tous les marchés de l'Europe ?

Quelles sont donc les bonnes conditions que nos producteurs

Anselme Payen

de cacao doivent s'attacher à réunir ? Il importe d'abord de bien connaître la plante, puis de recueillir les données de l'expérience sur les soins qu'elle réclame. C'est ce que l'on néglige assez généralement, et l'ignorance, l'incurie, exercent sur cette branche de la production coloniale une influence trop fâcheuse pour qu'on n'essaie pas d'y porter remède par quelques indications indispensables.

Les botanistes ne reconnaissent qu'une seule espèce de cacaoyer qui soit bonne à cultiver [7]. L'illustre fondateur des classifications actuelles, Linné, l'a désignée sous le nom de *theobroma cacao*, composé des mots Θεός (Dieu) et βρῶμχ (nourriture), le produit que l'on en tire étant digne par sa délicieuse saveur d'être servi sur la table des dieux. Le *theobroma cacao* est un arbre de grandeur moyenne, pouvant atteindre, suivant la richesse du sol et la température des climats, une hauteur de 5 à 10 mètres. Sa tige droite [8] se termine en une cime formée de rameaux grêles allongés, recouverts d'une écorce jaunâtre, portant des feuilles alternes ovales, pointues, vertes et lisses à l'époque de leur entier développement, tandis que les feuilles naissantes à l'extrémité des ramifications offrent une jolie teinte rosée qui contraste agréablement avec le vert intense et luisant du feuillage plus ancien sur le même arbre. Ses fleurs offrent, à l'extrémité de grêles pédoncules disposés en petites touffes, un calice rose à cinq divisions et une corolle jaune à cinq pétales, marqués d'une tache purpurine vers la base. Elles se développent sur les grosses branches et la tige, qui parfois en est garnie jusqu'à terre [9]. Entre ces fleurs si petites et le fruit volumineux qui leur succède durant toute l'année, il existe une disproportion singulière [10].

Le fruit dans cette espèce cultivée ressemble à un petit concombre ovoïde de couleur verte d'abord, puis jaune et tacheté de rouge écarlate ou violacé vers l'époque de sa maturité, terminé en pointe émoussée, long de 15 à 22 centimètres, à côtes épaisses, au nombre de dix d'abord, divisé dans l'intérieur en cinq loges contenant chacune huit ou dix ovules. Les cloisons membraneuses disparaissent par degrés, laissant enfin une seule loge ou grande cavité remplie de graines superposées, au nombre de vingt-cinq ou quarante, aplaties par leur mutuelle pression. La forme et la grosseur de ces graines rappellent les dimensions des fèves, bien qu'elles soient un peu plus arrondies. Les graines de l'arbre à cacao contiennent l'amande aromatique alimentaire ; elles sont recouvertes d'un dur tégument ou enveloppe crustacée mince et ligneuse, facile à éliminer, entourées d'une pulpe légèrement sucrée, aigrelette, source de pertes, de difficultés, et de mécomptes durant la récolte et la préparation. Souvent en effet les nègres cueillent ces fruits uniquement en vue de se rafraîchir avec le jus de la pulpe, et rejettent les graines non encore mûres à point. Toujours d'ailleurs les faciles altérations spontanées de cette pulpe exigent de grands soins pour en régler l'inévitable fermentation, fatale parfois, lorsqu'on lui laisse parcourir ses phases ou seulement trop s'avancer.

Tel est l'arbre qu'on cultive uniquement sous le nom de cacaoyer, sans qu'on ait pu encore décider si le choix d'autres espèces ou variétés ne pourrait exercer une utile influence sur la qualité des produits. C'est encore là une question que la science peut aider à résoudre ; mais avant tout il faut examiner les procédés de culture appliqués particulièrement au *theobroma cacao*.

On ne peut établir des plantations productives de cacaoyers que sous certains climats exactement définis par Humboldt et Bonpland dans leur *Physique générale et géographique des plantes*. M. Boussingault rappelle, comme eux, que cet arbre exige une terre riche, humide et profonde, de la chaleur et de l'ombrage ; aussi toutes les plantations importantes qu'il a parcourues offrent-elles une physionomie commune : toujours on les trouve dans les régions les plus chaudes, soit à peu de distance de la mer, soit auprès des torrents, soit enfin longeant les bords des grands fleuves. La culture du cacao cesse d'être profitable dans les localités qui ne sont pas douées d'une température moyenne de 24 degrés. C'est en vain que l'on a tenté, parfois à grands frais, d'établir une cacaoyère sur un défrichement, même de terrain fertile, lorsque la température du climat ne pouvait en général dépasser 22 degrés 8 dixièmes. Les arbres cependant en quelques années y développaient une belle végétation, donnaient des fleurs et des fruits, mais ceux-ci ne mûrissaient pas. Tous les cultivateurs expérimentés dans les régions tropicales savent bien que l'on doit établir la culture du cacao sur des terrains vierges fertiles, enrichis par la chute des feuilles durant une longue suite d'années, tels que l'on en rencontre après le défrichement des forêts, surtout lorsque la superficie, en pente légère, est susceptible de recevoir des irrigations convenablement dirigées, qui entretiennent l'humidité ambiante dans l'air et dans le sol.

Lorsque l'on a reconnu dans la localité choisie les conditions de sol et de climat favorables, que l'on a effectué le défrichement, brûlé les racines, les branchages, parfois même les arbres abattus, et dispersé les cendres sur le sol, afin d'y ajouter les éléments minéraux de la nourriture végétale qu'elles contiennent, la plus importante préoccupation est de se pourvoir d'abris convenables contre les ardeurs du soleil et propres aussi à briser le souffle des vents impétueux. Quelquefois on peut à cet effet ménager, en défrichant, un certain nombre d'arbres feuillus ; mais il est rare que l'on rencontre de tels abris naturels. À défaut d'arbres feuillus, on a recours à des essences forestières d'une rapide croissance. Aux environs de Caracas, on forme des ombrages avec le bucare (*erythrina umbrosa*) ; pour composer ou compléter l'abri, souvent on environne le lieu de la plantation d'un triple ou quadruple rang de bananiers, et l'on en distribue d'autres rangées à des intervalles plus ou moins rapprochés dans la plantation même. C'est surtout trois mois avant la maturité des fruits du cacaoyer que l'on garnit le terrain de bananiers ; deux mois plus tard, toujours dans les mêmes vues, on intercale entre les rangs de bananiers des rangées de manioc. Ces plantations auxiliaires ne constituent pas d'ailleurs des frais en pure perte, elles fournissent plusieurs sortes d'utiles ressources alimentaires [11].

Lorsque le terrain est aplani, labouré profondément, le planteur marque en quinconce les emplacements où doivent être déposées les graines de cacao, à l'aide de cordeaux et de piquets, à des distances régulières de trois ou cinq mètres, un peu plus grandes dans les terres très fertiles. Cette symétrie de la plantation offre un aspect agréable et facilite la surveillance du maître. Au temps de la maturité, elle est très favorable à la cueillée complète des fruits. On doit semer les graines parfaitement mûres et immédiatement après la récolte ou l'extraction des capsules, car elles ne conservent que très peu de temps leur qualité germinative. Trois graines sont placées à huit centimètres de profondeur autour de chaque piquet. C'est ainsi que l'on procède en beaucoup de contrées, notamment dans la province de Guayaquil, l'une des plus productives, bien que le cacao n'y soit pas d'une excellente qualité.

Dans les cultures du Venezuela, et parfois aux Antilles, afin d'éviter, dans certaines terres où pullulent les insectes et les rats, les ravages qu'exercent ces animaux nuisibles, on élève le plant en pépinière dans un sol très fertile et bien ameubli : on amoncelle à cet effet de petites buttes en terre de vingt-cinq centimètres de hauteur, dans chacune desquelles on dépose deux ou trois graines vers l'époque où l'arrivée des pluies peut être prévue ; sinon, il faudrait arroser tous les matins. On recouvre d'ailleurs les graines avec quelques feuilles de bananiers. Au bout de deux ans, dans ces conditions favorables, le plant s'élève à plus d'un mètre ; c'est alors qu'on l'écime en coupant les deux branches supérieures pour le transplanter en place fixe.

Les semis en pépinière, dans la vallée supérieure du Rio-Magdalena, sont abrités par des espèces de toitures en feuilles de palmier, et il suffit d'arroser une fois par semaine cette toiture pour assurer aux semis l'humidité convenable dans cette localité. La transplantation s'effectue au bout de six mois. Dans son voyage aux Antilles, M. Tussac signale une méthode de culture en pépinière, déjà remarquée par Jussieu, qui assure mieux encore le succès de la transplantation : elle consiste à enfoncer dans le sol ameubli de petits paniers de liane pleins de terre, dans chacun desquels sont déposées deux ou trois graines. Lorsque les plantes ont acquis une hauteur de 25 ou 30 centimètres, on les met en place avec le petit panier, qui se détruit spontanément et ne peut nuire aux racines.

L'arbre commence à fleurir vers deux ans et demi ou trois ans. On doit supprimer alors les premières fleurs, afin d'obtenir des fruits plus gros, plus abondants et plus productifs vers la quatrième ou la cinquième année, lorsque la température moyenne s'élève à 27 degrés et que l'humidité est suffisante. Dans les contrées où les conditions sont moins favorables, la fructification abondante n'a lieu qu'au bout de six ou sept ans. Pendant la croissance des cacaoyers, les soins principaux consistent à biner le sol autour de chaque pied, afin de favoriser l'accès de l'air vers les racines, tout en retranchant les radicelles à la base de la tige ; on élague vers les extrémités les branches trop développées, on soutient en faisceaux par des ligatures celles qui se recourbent vers le sol.

Anselme Payen

Quatre mois à peu près s'écoulent depuis l'apparition des fleurs jusqu'à la maturité des fruits ; celle-ci s'annonce, soit par la faible résistance qu'ils opposent lorsqu'on essaie de les détacher de l'arbre, soit par la nuance fauve ou rouge violacé qui succède à la teinte verte de leur superficie. À l'intérieur, la chair est d'un blanc très légèrement jaunâtre, les graines sont blanches ; elles prennent à l'air, et en se desséchant, une coloration rousse ou brune. Bien qu'il ne soit pas rare de voir, surtout dans les plantations en plein rapport, sur le même arbre, des fleurs et des fruits mûrs que l'on peut cueillir tous les jours, on ne fait généralement que deux grandes récoltes chaque année, aux mois de juin et de décembre. C'est à l'âge de dix ou douze ans que les cacaoyers produisent le plus, et ils peuvent donner durant trente ou quarante années d'abondantes récoltes, représentant, suivant les localités, les terrains et les expositions, de 700 grammes à 1 et même jusqu'à 2 kilog. de graines sèches par pied, ce qui fait par hectare, suivant l'espacement des arbres, de 400 à 800 kilogrammes provenant de 800 à 1,800 kilog. de graines récoltées fraîches.

Pour les fruits à portée de la main, la cueillée se fait directement ; pour les fruits hors de portée, on coupe le pédoncule à l'aide d'une serpette courte au bout d'une gaule ; il faut se hâter d'ouvrir les capsules et d'en extraire les graines (au moyen d'un gros couteau de bois arrondi), afin d'en prévenir la germination. Une fois extraites de la capsule, les graines, enveloppées de leur arille pulpeuse, sont classées suivant la qualité. On met à part celles qui ont subi des altérations ou ne sont pas venues à maturité suffisante. On étend ces graines au soleil afin d'en commencer la dessiccation, et tous les soirs on les met en tas à l'abri. Dès lors commence une fermentation active dans les jus sucrés de la pulpe ; la température s'élève et pourrait occasionner des altérations fort préjudiciables, si l'on ne se hâtait de les prévenir en étendant les tas en une couche de faible épaisseur. Parfois aussi les pluies surviennent, qui s'opposent à l'achèvement en temps utile de la dessiccation : dès lors plusieurs altérations spontanées sont à craindre : les fermentations acides et putrides, ou bien des végétations cryptogamiques, des moisissures qui se développent, remplaçant en partie les principes de l'arôme agréable par des productions à odeur fétide.

Il y aurait sans aucun doute de grandes améliorations à introduire

dans cette phase de la récolte et de la préparation des graines :
on y parviendrait sans peine en appliquant dans ces contrées les
systèmes efficaces de dessiccation par des ventilateurs ou étuves
à courants d'air usités en Europe. Dans les exploitations des
Antilles que M. Tussac a visitées, on met en pratique un procédé
susceptible de mieux régulariser la fermentation et d'activer ensuite
la dessiccation : les graines fraîches sont entassées dans de grands
canots en bois, puis recouvertes avec des feuilles de bananier et de
balisier, assujetties par des planches et comprimées sous le poids
des pierres dont on les charge. L'air, n'ayant pas un libre accès dans
la masse, ne peut aussi puissamment activer la fermentation ni
favoriser le développement des moisissures. Au bout de quatre ou
cinq jours, durant lesquels on les remue chaque matin, les graines
ont acquis une teinte rousse ; on les étend alors sur un glacis en
couche mince au soleil, et deux ou trois fois par jour on les remue à
la pelle pour renouveler les surfaces et faciliter l'évaporation ; mais
on est encore obligé d'abriter ces graines sous des hangars pendant
la nuit et lorsque la pluie survient [12].

On devrait essayer en tout cas une méthode très simple employée
avec succès dans les exploitations du Venezuela, d'où nous viennent,
sous la dénomination de *cacao terré* de Caracas, les meilleurs
produits connus. Dans les cacaoyères justement renommées de
Caracas, voici comment on procède : dès que les fruits sont récoltés,
on les ouvre afin d'en extraire les graines entourées de leur pulpe ;
celles-ci sont immédiatement enfouies sous terre durant plusieurs
jours. L'absence de renouvellement de l'air atmosphérique concourt
avec la régularité plus grande de la température, sous l'influence
de la masse de terre environnante, à prévenir le développement
des végétations cryptogamiques, et à modérer la fermentation au
degré convenable, c'est-à-dire de façon à hâter la désagrégation et
l'évaporation des sucs. Il faut toutefois saisir le moment opportun
pour retirer les graines de la fosse et les étendre sur des nattes ou
des claies à l'air libre ou sous des hangars. Ici encore il y aurait tout
avantage à rendre la dessiccation plus rapide et plus complète à
l'aide d'un étuvage méthodique et d'une ventilation suffisante. On
reconnaît que le cacao est assez sec lorsque l'arille qui enveloppe
ses graines est devenue friable entre les doigts, et que, mis en tas, il
ne s'échauffe plus spontanément ou ne subit plus de fermentation

Anselme Payen

sensible. Il est rare néanmoins (si l'on excepte Caracas) que dans ces exploitations on pousse au degré utile la dessiccation, soit que l'on manque de moyens efficaces et rapides, soit que l'on craigne de trop amoindrir le poids du produit, et cependant l'espérance à laquelle on s'abandonne dans ce dernier cas est presque toujours trompeuse. Ce qui reste d'humidité dans la masse occasionne ultérieurement plusieurs altérations, notamment les attaques des larves d'insectes qui rongent l'amande, une nouvelle fermentation, enfin les moisissures, si fréquemment observées, qui déprécient le cacao bien au-delà de la valeur fictive représentée par un poids plus grand de quelques centièmes.

Voilà cependant les travaux de culture terminés, et nous admettons qu'ils aient réussi. Le produit obtenu par le planteur entre dans le mouvement commercial, dans la consommation publique ; il indique à l'observateur, sous cette nouvelle forme, un ordre de recherches également nouveau.

Section II

Le cacao, considéré comme objet de commerce, n'a pas été à l'abri des vicissitudes qui ont frappé tant de fois les planteurs livrés aux simples travaux de culture. On a dit déjà que les Espagnols avaient négligé ce produit pour se consacrer de préférence à l'exploitation des métaux précieux dans une contrée dont ils s'étaient rendus maîtres. Plus tard, lorsque d'autres nations, mieux avisées, s'emparèrent de cette nouvelle branche de commerce maritime, l'Espagne jalouse prohiba l'exportation pour tout autre point que la métropole : vaine mesure qui n'arrêta que momentanément l'essor de ce commerce. Bientôt la plus grande partie des cacaos caraques, détournés de leur destination légale, furent entreposés dans la capitale de la Hollande, et les Espagnols, dans les premières années du XVIIIe siècle, ne virent plus arriver un seul chargement direct de Caracas ; ils furent contraints d'acheter à des prix exorbitants les produits de leurs propres colonies. Ce fut alors, en 1718, que Philippe V octroya le droit exclusif du commerce avec Caracas et Cumana à la compagnie dite de *Guipuscoa et des Caraques*, sous la condition d'anéantir les exportations frauduleuses. Cette compagnie, exploitant avec intelligence et beaucoup d'activité son privilège, ramena les choses vers leur état normal, et la culture du cacaoyer fit ainsi de nouveaux progrès dans le Venezuela.

On sait comment cette culture, introduite en 1780 dans les colonies françaises, y fut entravée par des droits exagérés, puis encouragée de nouveau grâce à des mesures plus libérales. Le commerce national et étranger traversa les mêmes fluctuations jusqu'au moment où les avantages mieux appréciés de l'introduction du chocolat dans le régime alimentaire amenèrent un, développement remarquable de la consommation, en dépit des droits considérables que supporte encore la matière première de cette utile industrie, et malgré certaines falsifications qu'il serait aisé de faire disparaître. En jetant un coup d'œil sur les importations durant trois périodes décennales, nous pourrons aisément constater les progrès du commerce, de la fabrication et de la consommation générale. Pendant la première période, de 1827 à 1836, le commerce général de la France avec ses colonies et les nations étrangères avait importé chez nous 1,998,703 kilos de cacaos de diverses origines ; les importations semblables se sont élevées, année moyenne, de 1837 à 1846, à 2,606,353 kilos ; l'augmentation était de près de 50 pour 100. Pendant la période suivante, de 1847 à 1856, l'accroissement ne fut pas moins considérable, car les importations, année moyenne, durant cet intervalle de temps, s'élevèrent à 3,587,425 kilos. La production dans nos colonies, bien que graduellement croissante, notamment à la Martinique, a fourni un peu moins que la dixième partie des quantités introduites en France durant la dernière période. Quant au commerce spécial, représentant la consommation chez nous durant les mêmes périodes, la progression frété plus rapide encore : elle s'est élevée, année moyenne, de 809,004 à 1,602,647, puis à 2,835,641 kilos. La fabrication du chocolat, représentant moitié au-delà de ces quantités, a suivi la même progression ascendante, équivalant, dans une année de la dernière période, à 4,253,441 kilos. En ce moment même, on peut dire que le commerce et la consommation du cacao, ainsi que la fabrication du chocolat, suivent leur marche ascendante, car la moyenne des quantités importées durant les deux années 1857 et 1858 se sont élevées à 5,555,210 kilos, dépassant de plus de moitié les importations de la précédente période décennale. Quant à la consommation, elle

Anselme Payen

n'a pas été moins progressive, puisque, durant ces deux années, elle a en moyenne atteint 3,623,966 kilos, supérieure aussi de près de 50 pour 100 à la consommation de la période décennale précédente. Et cependant les droits à l'entrée dépassent la moitié de la valeur du produit imposé. Une réduction notable de ces droits aurait encore, sans aucun doute, des résultats utiles à plus d'un point de vue, en développant la production dans nos colonies, ainsi que le commerce international et intérieur, en accroissant la consommation [13], en améliorant la qualité d'un aliment agréable, doué de propriétés éminemment nutritives, mais que la population la plus nombreuse, forcée de consommer des chocolats à bas prix, ne connaît guère encore.

Mais avant de suivre le cacao transformé en chocolat dans la consommation publique, il faut indiquer les principales espèces commerciales, les qualités particulières, la composition naturelle qui les distinguent.

Les produits des provenances diverses peuvent être ainsi classés suivant l'ordre de la qualité : en première ligne, le cacao caraque, ou de Caracas, de Soconusco, Porto-Cabello, Maracaïbo et Magdalana ; 2° celui de la Trinité et d'Occana ; 3° de Maragnan et de Para, importé du Brésil en quantités plus grandes que tous les autres ; 4° de Guayaquil, Surinam, Demerari, Berbice et Sinnamari ; 5° de Saint-Domingue, de la Martinique et de la Guadeloupe, désigné généralement sous le nom de *cacao des îles*, 6° de Cayenne, de Bahia et de Bourbon.

Bien que les soins donnés à la culture, à la récolte, à la conservation et au transport du produit puissent exercer la plus grande influence sur les qualités obtenues de diverses provenances, certains caractères remarquables semblent dépendre de plusieurs autres causes, comprenant peut-être la variété de la plante, l'exposition, le sol, le climat, et qu'il serait très intéressant et profitable sans doute d'étudier. C'est ainsi qu'entre tous, le produit de la province de Caracas se distingue par sa belle apparence, par ses graines plus volumineuses et arrondies, la coloration moins brune ou plus rougeâtre de son enveloppe et de son amande après le broyage, enfin l'arôme plus suave et l'amertume moindre des chocolats dans lesquels il entre en plus grande proportion. Un caractère chimique ressort en outre des expériences auxquelles on peut le soumettre.

Mis en contact avec l'alcool (esprit-de-vin), il donne des solutions de couleur jaunâtre légère, tandis que, traités de la même manière, les cacaos de la Trinité, d'Haïti, de Maragnan et de la Guyane française produisent des liquides de couleur violette de plus en plus foncée, contenant des quantités graduellement plus grandes de substances dissoutes.

Malgré ses qualités supérieures, le cacao caraque n'est employé seul qu'exceptionnellement. La raison n'en est pas seulement dans le cours élevé de ce produit, mais dans la pratique adoptée de le mélanger avec des proportions plus ou moins fortes des autres espèces commerciales, pour satisfaire au goût des consommateurs, qui trouvent dans ces mélanges une saveur plus prononcée et un arôme suivant eux plus agréable. En maintes occasions, on reconnaît d'ailleurs que le mélange des arômes est préféré par le plus grand nombre. À l'exposition universelle qui eut lieu à Paris en 1855, on a remarqué que les cacaos les plus estimés, ceux de Caracas et de Porto-Cabello, ne figuraient point parmi les productions étrangères. Les propriétaires des grandes exploitations de ce genre dans la république de Venezuela, satisfaits sans doute de la renommée de leurs produits et ne supposant pas qu'ils dussent rencontrer de rivaux, s'étaient spontanément mis hors de concours. En effet, les cacaos envoyés à l'exposition universelle par la République-Dominicaine et celle de Costa-Rica ont seuls fixé l'attention du jury et témoigné des efforts heureux des propriétaires pour améliorer les produits de leurs cultures [14].

On ne saurait faire comprendre les propriétés alimentaires du chocolat, dissiper certains préjugés à l'égard de ce produit, sans indiquer, sommairement du moins, la composition naturelle des amandes du cacao. Ces amandes renferment les principales espèces de substances organiques, — azotées, grasses, féculentes, aromatiques, — et de matières minérales qui peuvent concourir utilement à la nourriture des hommes [15]. Le rôle que chacune de ces différentes espèces de substances doit jouer dans notre alimentation ne saurait aujourd'hui laisser prise au moindre doute. On sait que les substances organiques azotées sont indispensables dans nos rations alimentaires, car elles seules peuvent servir directement à la réparation des pertes qu'éprouvent les tissus des adultes et au développement de ces tissus pendant la croissance.

Anselme Payen

Les matières grasses subviennent soit aux sécrétions dans les tissus adipeux, soit, par leur combustion humide dans nos organes, à la production de la chaleur qui entretient la vie. — Les substances amylacées et sucrées concourent indirectement à former les sécrétions adipeuses, et directement, par leur combustion lente, à la production de la chaleur. — Les matières minérales, notamment les phosphates et carbonates calcaires, sont indispensables à l'entretien de la charpente osseuse, qui sans cesse se renouvelle lentement chez les adultes, et qui se développe plus ou moins vite chez les enfants jusqu'au terme de la croissance.

Ces notions positives de la science contemporaine ne se sont répandues qu'assez tard parmi nous : on peut s'en assurer, du moins en ce qui concerne le chocolat, car on trouve le passage suivant dans un ouvrage dû au concours de quelques savants justement célèbres [16] ; il est bon de montrer quel était sur ce point l'état de la science à cette époque. « Nous ne craignons pas, disaient les auteurs de l'ouvrage en question, d'affirmer que le chocolat nourrit à la manière des fécules amylacées. » Or on sait parfaitement aujourd'hui que les fécules amylacées n'offrent jamais qu'une alimentation insuffisante, que jamais elles ne peuvent s'assimiler à nos tissus, que la confiance qu'on a pu leur accorder, en leur supposant quelque aptitude à remplir ce rôle, ne pouvait être que trompeuse, et souvent même a présenté de véritables dangers.

Quant aux propriétés nutritives du cacao et des préparations qui en dérivent, elles sont tout autres, plus complètes et bien réelles. En voyant l'amande du cacao offrir dans sa composition intime deux fois autant de substance azotée que la farine du froment, vingt-cinq fois plus de substance grasse, une quantité notable d'amidon, une saveur et un arôme très agréables, qui provoquent l'appétit, on est tout disposé à croire que ce produit végétal est doué d'un éminent pouvoir nutritif ; l'expérience directe dans une large mesure prouve chaque jour qu'il en est réellement ainsi [17]. Qui ne sait en effet que le cacao dégagé de ses enveloppes à l'aide d'une torréfaction légère suffisante pour développer son arôme, puis mélangé intimement avec un poids de sucre égal au sien, constitue la substance bien connue et de mieux en mieux appréciée sous le nom de chocolat ? Qui ne sait encore que ce produit est un aliment substantiel en toutes circonstances, capable d'apaiser la faim et de soutenir les forces durant les voyages et les fatigants exercices de la chasse, aliment complet et même trop substantiel parfois pour certaines organisations débiles ? Longtemps avant que la préparation du chocolat fût arrivée au degré, de perfection que l'on connaît aujourd'hui, on avait en diverses occasions vanté, célébré même les qualités agréables et les propriétés nutritives si généralement appréciées aujourd'hui de cette substance alimentaire. Dans une cantate en vers harmonieux, *la Ciccolata* [18], Métastase invite à faire usage de ce breuvage délicieux ; il en décrit avec enthousiasme la préparation et les merveilleuses qualités.

A PHILIS

« Tu arrives de la campagne bien à point, dès le matin. Assieds-toi, jeune Philis, prends cette tasse remplie d'une écumante liqueur et bois. Quoi ! tu la repousses et te refuses à mon invitation ?

« Je comprends : tu ne connais d'autre boisson que l'onde du clair ruisseau et le doux jus de la grappe ! Ah ! que tu es simple !

« Ce que je t'offre est tout autre chose que l'eau de la fontaine ou le jus de la blonde vendange.

« Écoute-moi : je veux te révéler tout le mérite de cette substance, et puis, si tu ne la trouves pas de ton goût, tu la dédaigneras si tu veux.

« Ne me crois pas, jeune bergère ; n'écoute que la vérité, ne cède qu'après en avoir goûté [19]. »

Section III

Ce ne sont pas seulement les orages, les vents impétueux dans les lieux de production, les soins minutieux, mais en général peu dispendieux et faciles, dans la culture, la récolte, la préparation, l'emmagasinage et les transports, qui s'opposent aux progrès de la production et de la consommation du cacao. En effet, ces difficultés ne sont pas insurmontables, et l'intérêt mieux compris des cultivateurs dans les régions favorables devra les décider à user de tous les moyens connus pour les vaincre. En dehors des causes déjà indiquées, trois obstacles principaux s'opposent aujourd'hui à l'extension de la consommation des produits du cacao ; ces obstacles

Anselme Payen

résident dans certaines habitudes commerciales qui exercent leur fâcheuse influence surtout parce qu'on les connaît peu. Il sera donc utile de les signaler ici, d'autant plus que d'heureux exemples de pratiques contraires ont déjà éclairé la population à ce sujet.

Jusqu'à ces derniers temps, le prix du chocolat destiné à la consommation la plus générale était trop élevé, ou sa qualité laissait tellement à désirer, que les produits livrés à bas prix étaient plus propres à repousser les consommateurs qu'à populariser l'usage de ce précieux aliment. Deux causes en dehors des cours de la matière première et des droits d'entrée qui en élèvent la valeur vénale contribuaient surtout à ces fâcheux résultats. En vue d'intéresser la foule des vendeurs détaillants à prôner le produit alimentaire et à persuader les acheteurs, les fabricants offrirent à ces nombreux intermédiaires des remises si considérables, qu'elles s'élevèrent souvent au quart et au tiers de la valeur du produit. En tenant compte du bénéfice légitime, parfois aussi un peu exagéré, que retiré le fabricant, il était facile de reconnaître que le produit ne pouvait arriver dans les mains du consommateur qu'à un prix plus que double de sa valeur réelle, et dès lors la vente en était ralentie. Depuis plusieurs années, quelques fabricants habiles et consciencieux, éclairés d'ailleurs sur leurs véritables intérêts, ont réduit à de justes limites les remises aux intermédiaires ; afin de s'affranchir des conséquences de leur mécontentement, ils ont livré directement eux-mêmes leurs produits, préparés dans les meilleures conditions économiques, aux consommateurs, qui par degrés ont enfin pu reconnaître une amélioration notable dans la qualité du produit coïncidant avec l'abaissement du prix. Dès lors les débouchés se sont étendus, de même que l'on a vu la consommation du sucre s'accroître lorsque plusieurs des principaux raffineurs de Paris, réduisant les remises aux marchands intermédiaires, ont fixé les cours en livrant eux-mêmes directement aux consommateurs des quantités peu considérables.

Une des nécessités de cette industrie, mais en même temps une des meilleures garanties de ses progrès durables, c'est aujourd'hui de réunir à la fabrication du chocolat le commerce de la vente au détail, de s'entourer ainsi d'une clientèle confiante ajuste titre, et enfin de réaliser ces avantages importants sans anéantir le commerce des intermédiaires. Les fabricants dont nous parlons, en même temps qu'ils accordaient à ceux-ci une remise convenable, ont donné mie utile garantie aux acheteurs en caractérisant leurs produits par une marque de fabrique ; ils ont assumé ainsi la responsabilité de leurs œuvres, tout en profitant de la réputation graduellement acquise à leurs établissements par ces pratiques loyales. Grâce à cette méthode nouvelle, ils ont commencé à s'affranchir des frais énormes que supportent, en les faisant supporter aussi aux consommateurs [20], les industriels trop disposés à spéculer sur les résultats d'une grande publicité.

Il y a de meilleurs résultats encore à obtenir en ne cherchant le succès que dans un mode de fabrication plus économique. Toutes les opérations qui se faisaient manuellement autrefois s'accomplissent beaucoup mieux et plus régulièrement aujourd'hui à l'aide de machines construites presque toutes par des ingénieurs français. On remarque chez un habile fabricant de Paris [21] le système le plus complet en ce genre, comprenant des torréfacteurs, des mélangeurs et broyeurs mécaniques. Une machine de son invention pèse spontanément la pâte, élimine l'air et moule le chocolat ; une autre machine, également destinée à éviter le contact de la main des hommes, accomplit le dernier travail en l'accélérant beaucoup : elle enveloppe à la minute de vingt à trente tablettes, représentant de deux à trois mille chaque jour [22].

Il faut en convenir cependant, le plus redoutable obstacle à la propagation rapide de la substance alimentaire dans son état normal existe encore avec les inconvénients graves, avec les dangers même, qui l'accompagnent. Cet obstacle réside dans la déplorable pratique de préparer des chocolats dépourvus de tout cachet d'origine, livrés à si bas prix, qu'il serait impossible de les composer avec les matières premières pures et de bonne qualité sans que le prix coûtant fût plus élevé que le cours de la vente. Si d'ailleurs il est reconnu que l'on retire de ces produits des bénéfices irréguliers et considérables, il sera évident que toutes les falsifications dont on s'est si souvent ému à juste titre doivent se rencontrer dans ces produits d'origine toujours incertaine. On parviendrait facilement à faire cesser ce fâcheux état de choses, soit en prohibant la vente des produits de ce genre dépourvus de la garantie que donnent les marques de fabrique, soit en éclairant l'opinion publique et lui montrant que l'intérêt bien entendu des consommateurs leur,

Anselme Payen

commande de s'abstenir d'acheter les produits offerts à bon marché lorsqu'ils ne portent pas cette garantie.

À côté de ces tristes tentatives, la fabrication des chocolats peut citer quelques essais utiles. On trouve dans le commerce deux variétés de chocolat destinées aux voyageurs, et dont la préparation était jusqu'ici demeurée un mystère, même pour les marchands qui les débitent. L'analyse de ces produits ne laisse aucun doute sur les moyens mis en usage pour les obtenir. — L'une de ces variétés se présente sous la forme d'une poudre fine *inaltérable*, au dire de l'inventeur, M. Aubenas, car la température parfois très élevée de l'atmosphère en certaines contrées ne peut agglomérer cette poudre, ni faire exsuder la substance grasse qu'elle contient. Or l'analyse signale directement la cause de ces propriétés, utiles en pareil cas, en prouvant que la proportion du beurre de cacao a été réduite d'un tiers environ (sans doute par une simple expression entre des plaques chaudes). C'est donc à cette élimination facile que sont dues les propriétés spéciales maintenant la forme pulvérulente, et qui permettent de préparer à la minute durant les voyages une tasse de chocolat en délayant la poudre alimentaire avec de l'eau bouillante graduellement ajoutée. — La seconde variété, désignée sous le nom de *chocolat malléable*, affecte une forme cylindrique. Le chocolat, enveloppé d'une feuille d'étain, conserve une ductilité ou consistance molle qui permet de l'entamer sans difficulté et d'en consommer immédiatement les quantités voulues. Lorsque l'on en coupe une tranche, on y remarque des marbrures brunes, blanches et verdâtres dues à la couleur naturelle du chocolat, des amandes mondées et des pistaches interposées dans la masse. Le chocolat doit, comme l'indique l'analyse, la prolongation de son état malléable à la présence de l'eau ajoutée dans la proportion de 6 centièmes, ce qui donne au total, et en tenant compte de la dose ordinaire de sucre dans ce produit, 18 centièmes environ d'un sirop hygroscopique retenant l'eau concurremment avec l'enveloppe en étain, qui de son côté s'oppose à l'évaporation. Ces deux modestes inventions ont leur utilité, leur importance même, dans les circonstances, devenues presque ordinaires de nos jours, où des voyages nombreux sont entrepris en toutes saisons et par toutes les voies de terre et de mer.

Il faut se demander encore jusqu'à quelle limite le prix du

chocolat de bonne qualité peut descendre, en supposant une fabrication loyale exempte de frais abusifs. En nous fondant sur des données certaines, il nous sera facile d'établir ce prix normal par un calcul bien simple, qui repose d'ailleurs sur le cours actuel des matières premières, et sur la dépense moyenne dans une fabrication journalière de 500 à 1,000 ou 1,500 kilos. Pour obtenir dans ces conditions 2 kilos de chocolat, on emploie :

	fr. c.
Cacao de Para, Maragnan ou'Trinité, 1 kilog. coûtant 2 fr. 20 c. brut, revenant après le mondage, qui enlève 25 pour 100, à	2 fr. 75 c.
Les frais de torréfaction, broyage, moulage, refroidissement, représentent, avec les frais généraux de loyers, intérêts, éclairage, personnel à la vente, etc	0 40
Sucre raffiné en pains, 1 kilog. coûtant	1 55
Enveloppes en étain et papier	0 10
Dépense totale pour 2 kilog	4 fr. 80 c.
Le prix coûtant d'un kilogramme est donc de	2 fr. 40 c.
Le prix de vente aux marchands ou en gros étant fixé à	2 70
Le bénéfice net du fabricant est de	0 fr. 30 c.

Bénéfice égal à celui du marchand qui vend en détail 3 fr. le kilo ou 1 fr. 50 c. *la livre* de 500 grammes.

Il est donc de toute évidence que sans en acheter plus d'une *livre* à la fois, on peut se procurer du chocolat de très bonne qualité, très agréable et très salubre, au prix de 1 franc 50 centimes les 500 grammes, représentant 16 tasses, ce qui fait revenir la tasse à 10 cent., en y comprenant une minime dépense de préparation. Cet aliment de choix serait donc déjà à la portée de tous les consommateurs, et le goût s'en généraliserait bientôt, si partout on le livrait sans addition de faux frais et sans mélanges nuisibles.

Anselme Payen

On pourrait même le livrera un prix inférieur en y employant les cacaos sans triage ; l'arôme, il est vrai, serait alors un peu moins doux. Il serait possible même d'aller plus loin dans cette voie du bon marché, sans mélanges illicites, en faisant usage du *cacao des îles* ; mais alors l'arôme, moins délicat encore, ne serait plus du goût de tout le monde : les qualités nutritives et salubres n'en seraient pas moins complètes cependant. D'un autre côté, on peut désirer obtenir des produits doués d'arômes variés, plus agréables à certains consommateurs ; on y parvient sans peine en associant aux cacaos du Brésil 10, 15 ou 20 pour 100 de cacao caraque soigneusement trié. Cette matière première coûtant 3 fr. 60 c. et revenant à 4 fr. 20 cent, après la torréfaction et le mondage, le prix du chocolat s'élèverait à 3 fr. 60 cent., 3 fr. 80 cent., 4 fr. le kilo, ou 1 fr. 80 cent., 1 fr. 90 cent, et 2 fr. la livre. Si enfin on tenait à y faire ajouter l'arôme de la vanille, les prix s'élèveraient encore de 50 cent, à 1 fr. ; mais ces chocolats de fantaisie comptent pour bien peu de chose dans la consommation générale.

La préparation du chocolat est loin d'être uniforme dans tous les pays. En Espagne, on a conservé l'habitude ancienne d'y mettre une faible dose de sucre, de torréfier peu, de broyer grossièrement le mélange, souvent d'aromatiser fortement la pâte ; dans quelques variétés de choix, où les meilleurs produits de la vallée de Caracas dominent, le chocolat espagnol est vraiment digne de son antique renommée. En Italie, la torréfaction est poussée plus loin, parfois jusqu'à développer une saveur amère. On broie finement la pâte sans y ajouter beaucoup de sucre ; on aromatise avec une telle dose de cannelle réduite en poudre, que l'odeur de cette écorce domine l'arôme du cacao. En Allemagne, la torréfaction légère est précédée d'un décorticage à l'eau bouillante, le cacao mondé est réduit en une poudre fine que l'on mélange avec le sucre, de telle sorte qu'il suffit de délayer ce mélange avec de l'eau bouillante pour préparer le chocolat. En Angleterre, c'est aussi à l'état pulvérulent que les fabricants et marchands livrent le cacao, seul ou mélangé avec des doses variables de sucre ; mais cette habitude, encore assez générale, cessera sans doute lorsque la population aura pu comparer les chocolats préparés à Londres suivant les méthodes françaises, garantis par les noms imprimés sur les tablettes, avec des produits irréguliers, difficiles à conserver, et sujets aux mélanges en dépit des assurances formelles des enseignes et prospectus portant tous : *pur genuine cacao.*

Nous venons d'indiquer les conditions, assez difficiles en général, que rencontre sur les lieux de production comme sur les marchés de la métropole une des plus utiles substances alimentaires que nous devions à la découverte du Nouveau-Monde. Ce produit, dont le public connaît trop peu encore l'origine et la fabrication, semble appelé heureusement à reprendre dans l'alimentation publique le rang qui lui appartient par ses propriétés éminemment nutritives et réparatrices, sa saveur et son arôme agréable. Si de nombreux obstacles s'opposent encore à la propagation de ce précieux aliment parmi les classes les plus nombreuses de la population, on entrevoit des moyens efficaces de vaincre ces derniers obstacles. Lorsque le chocolat, dégagé de toute altération, pourra fournir un aliment économique aux familles peu favorisées de la fortune, il contribuera, pour une large part, à servir les intérêts de la santé publique aussi bien que ceux de l'industrie coloniale. La nature même des procédés auxquels il faudra recourir pour, arriver à un tel but est très digne de l'attention des savants, car ces procédés manifesteront leur salutaire influence par deux résultats également désirables : la loyauté des méthodes industrielles et la sûreté des transactions commerciales.

Notes

1.   Voyez sur le café la livraison du 15 septembre 1859.

2.   On considérait dans l'empire de Montezuma, la culture des cacaoyers comme la principale richesse du pays. Suivant Herrera, c'était au milieu de grandes solennités que les Mexicains se préparaient aux ensemencements, aux plantations et aux premiers soins des arrosages. Les Espagnols ne tardèrent pas longtemps d'ailleurs à négliger cette admirable culture, comme toutes les autres, pour se livrer à la recherche des métaux précieux.

3.   C'est l'opinion du savant auteur de la Flore des Antilles, M. Tussac. Il y a néanmoins dans la Guyane des forêts entières de cacaoyers dont les fruits servent de nourriture aux singes. Cet arbre vient également sans culture a Cayenne ; il croît spontanément

Anselme Payen

aussi dans le Nicaragua et le Guatemala, dans les régions de l'Amérique méridionale le long de la rivière des Amazones, sur la côte de Caracas, à Saint-Domingue, etc.

4.   On sait que le traité de Ryswyk avait partagé entre les Français et les Espagnols cette grande île, découverte par Colomb le 6 décembre 1492. L'émulation féconde qui n'avait pas tardé à se développer entre les deux populations avait, été l'une des causes de la prospérité, aujourd'hui si compromise, de Saint-Domingue.

5.   Les mêmes circonstances ont amené, partout ailleurs que dans nos colonies, de semblables résultats, c'est-à-dire des cultures alternativement prospères, puis abandonnées, reprises encore, négligées ensuite. Nous citerons seulement les colonies de la Jamaïque et de Sainte-Lucie. La Dominique, entrecoupée d'un grand nombre de cours d'eau, est une des Antilles où la production du cacao rencontre encore les plus favorables conditions de succès. À la Trinité aussi, les Anglais comptent des plantations florissantes établies après l'année désastreuse de 1727, où la rigoureuse persistance des vents du nord fit périr le plus grand nombre des cacaoyers.

6.   En voyant la position exceptionnellement heureuse où se trouve cette production dans la république de Venezuela, qui suffît à peine aux débouchés extérieurs et livre ses cacaos à des cours deux et quatre fois plus élevés que toutes les autres exploitations, on comprend difficilement le but de la mesure qui dans cette contrée prohibe l'introduction des cacaos étrangers, de ceux-là mêmes qui, moins dispendieux, améliorent par leur arôme spécial la qualité trop douce du produit isolé de Caracas.

7.   Parmi les autres espèces comprises dans une même tribu botanique, on distingue le theobroma guyanense, originaire de la Guyane ; le theobroma cariba, des Indes-Occidentales ; le theobroma bicolor, de l'Amérique du Sud. Un voyageur français, M. Goudot, a remarqué dans la Nouvelles-Grenade une espèce très productive désignée à Muro sous le nom de montaraz, dont les graines amères sont renommées dans le pays pour leur propriété fébrifuge.

8.   Cette tige à écorce brune est formée d'un bois poreux, léger, blanchâtre, abondant en sève par toutes les saisons, à moins

Section III

que l'arbre ne soit sur son déclin.

9.   Les fleurs naissantes sur le tronc se montrent aux points marquant les aisselles des feuilles spontanément détachées de l'arbre.

10.   Le diamètre d'un bouton au moment où la fleur s'épanouit n'excède guère 4 millimètres, tandis que le petit diamètre du fruit atteint 12 centimètres en moyenne.

11.   Le bananier, dit Adanson, est la plante la plus utile de toutes celles que l'on cultive dans les Indes. À peine les bananes ont-elles été cueillies et la tige abattue, que le plus élevé des rejetons s'élance à son tour et ne tarde pas à fructifier. Les bananes vertes sont féculentes, et, soumises à la cuisson, remplacent le riz ou le pain ; les fruits mûrs sont doux et plus ou moins sucrés. Certaines espèces fournissent de longues et larges feuilles qui servent de nappes et de serviettes ; d'autres donnent des fibres textiles luisantes, employées à confectionner divers tissus solides ou légers. Quant à la plus utile des deux espèces de manioc, juca amara, par son abondante et savoureuse fécule, elle nourrit, sous les diverses formes de cassave, de tapioka, de cabiou, les populations des pays tropicaux, après toutefois que l'on a éliminé par les lavages ou une torréfaction légère le violent poison que recèlent les racines tuberculeuses. Ce poison volatil, dans lequel MM. Boutron et Henry ont reconnu l'acide prussique, donne au suc frais du manioc amer l'énergique propriété vénéneuse bien connue des nègres. Ceux-ci, au temps de l'esclavage, choisissaient ce poison pour se soustraire, en se donnant la mort, à des châtiments rigoureux.

12.   On a d'ailleurs fort Il redouter l'avidité des rats, très friands de ces amandes si nutritives. De petits chiens griffons anglais, spécialement dressés, peuvent avec succès faire la chasse aux rats, avec succès non pas toujours pour eux, car les nègres leur disputent leur proie ; souvent ils s'en emparent et mangent avec délices ces petits rongeurs, nouvel exemple de l'adage sic vos non vobis. Tel est même le goût des nègres pour cette alimentation, qu'un propriétaire des Antilles prétendit un jour vendre plus cher son habitation en raison des chasses de ce genre, très abondantes chez lui, et qui pouvaient, disait-il, nourrir presque tout son personnel.

Anselme Payen

13.   On peut juger de cette influence par les causes mêmes qui ont déjà produit de semblables effets : de 1816 à 1834, le tarif variait de 80 à 115 et 120 francs, suivant les lieux de provenance. La loi de 1836, en abaissant de 50 pour 100 ces droits, doubla en moyenne la consommation pendant les dix années suivantes. Il ne faut pas oublier d'ailleurs que l'abaissement des tarifs sur ce point amènerait au profit du trésor une double compensation dans les progrès plus rapides de la consommation du cacao et dans l'accroissement simultané de la consommation du sucre, chaque quintal métrique de cacao brut nécessitant l'emploi de 75 kilogrammes de sucre au moins pour la fabrication du chocolat.

14.   Le jury de cette exposition fit remarquer que les droits d'entrée sur le cacao en graines étant de 44 fr. les 100 kilog., les amandes simplement broyées dans les colonies françaises supportaient un droit d'entrée en France égal à 165 fr., et qui dépassait la valeur de ce produit au point de départ. Il émettait le vœu que dans l'intérêt de l'industrie coloniale et de l'alimentation réparatrice et salubre des classes peu aisées, ces droits pussent être réduits à l'entrée dans la métropole.

15.   Voici la composition moyenne des amandes du cacao de bonne qualité, composition peu variable, si ce n'est dans la nature et les faibles proportions des substances aromatiques et amères.

100 parties en poids de ces amandes non torréfiées contiennent :

Substance grasse (beurre de cacao)	52
Albumine, fibrine et une autre matière azotée	20
Caféine	4
Fécule amylacée (amidon)	10
Matières colorantes, amères, aromatiques (non déterminées), substances minérales	4
Eau hygroscopique	10
	100

16.   Le Dictionnaire classique d'Histoire naturelle, volume

publié en 1822.

17.   Dans la préparation du chocolat, certaines précautions ont assez d'importance et sont parfois assez négligées pour qu'il convienne de les indiquer ici. La torréfaction des graines, ménagée avec un grand soin, doit être assez brusque cependant pour dessécher et rendre friables les enveloppes sans trop fortement atteindre l'amande, qui n'en doit subir qu'une modification très légère. On les concasse, puis on les sépare des enveloppes ; les amandes sont alors mélangées avec leur poids de sucre blanc exempt de saveur et d'odeur désagréable. Le broyage du mélange de sucre et de cacao mondé doit être complété très finement a l'aide d'appareils mécaniques dont on favorise l'action par une élévation de température qui fait fondre la matière grasse. Dans cette opération, un fait remarquable, longtemps mis en doute, a été constaté définitivement : c'est l'influence des surfaces en fonte en contact, avec la pâte de chocolat, qui communique au produit alimentaire une teinte brune foncée et une saveur atramentaire désagréable. Dès lors les fabricants les plus habiles se sont décidés à remplacer toutes ces pièces en fonte par des pièces en granit on en porphyre. Les autres opérations consistent dans un moulage mécanique à chaud dans de petites caisses en fer-blanc imprimant sur les tablettes les divisions en doses de 24 à 32 au kilog., la marque et le nom du fabricant. Un local assez vaste, ventilé sous le sol, est destiné à refroidir et consolider promptement le chocolat, maintenu jusque-là pâteux par la chaleur.

18.   On trouve cette cantate de quatre-vingt-quatorze vers dans l'ouvrage de Vincenzo Corrado intitulé la Manovra della Ciccolata.

19.   A FILLE.

Fille, giungi oportuna

Della campagna, or sul mattin t'assiedi,

E prendi questa di liquor spumante,

Ricolma tazza, e bevi. E che ! Ritrorsa

Sdegni l'invito, e la ricusi ? Intendo : etc.

20.   Il est triste d'avoir à mentionner un tel fait, de voir des frais d'annonces se combiner avec les pris d'une denrée éminemment

utile. Si par exemple, ces frais d'annonces s'élevant dans une année à 100,000 fr., la somme doit être répartie sur des produits vendus en somme de 500,000 fr. à 1 million chaque année, on comprend que dans ces circonstances le prix de vente doit de toute nécessité être augmenté de 10 à 20 pour 100 au-delà de la valeur réelle.

21.   La plus haute récompense accordée dans l'exposition internationale a cette industrie en 1855 fut décernée à ce fabricant, M. Devinck.

22.   Cette nouvelle machine a été inventée par un ouvrier, bon observateur, M. Armand Daupley, contre-maître aujourd'hui chez M. Devinck. Tout récemment cet intelligent contre-maître cherchait un moyen a sa portée de prévenir les inconvénients notables, parfois même les explosions dangereuses, que peuvent occasionner les sédiments des eaux plus ou moins séléniteuses et calcaires dans les chaudières destinées à produire la vapeur ; il y parvint en mettant dans ces générateurs une quantité minime des résidus sans valeur, désignés sous le nom de déchets, que l'on rejetait naguère. Ces résidus broyés s'interposent entre les particules de sulfate et de carbonate de chaux à mesure que l'évaporation les précipite : dès lors, ne pouvant se réunir en dures incrustations, ils cessent d'offrir les dangers que l'on en redoutait.

ISBN : 978-1543217087

www.ingramcontent.com/pod-product-compliance
Lightning Source LLC
Chambersburg PA
CBHW051827170526
45167CB00005B/2190